用珐琅容器搞定
百乐餐

[日]重信初江/著　　马婷婷/译

山东人民出版社·济南
国家一级出版社 全国百佳图书出版单位

Contents

PART 1

百乐餐之
冷菜食谱

PART 2

百乐餐之
主菜食谱

PART 3

百乐餐之米饭·意大利面·面包等主食食谱

PART 4

百乐餐之甜品食谱

○计量单位：1 大勺 =15ml，1 小勺 =5ml，1 杯 =200ml。

○黄油均为含盐黄油。

○书中使用的微波炉为 600W。如果使用 500W，时间请按照 1.2 倍计算。根据品牌型号不同，加热时间略有差异，请根据实际情况灵活掌握。

○珐琅容器也可以使用本食谱以外的产品，只是加热时间也请根据实际情况进行调整。

○各食谱中均使用"野田珐琅"的白色系列产品（请参考 P30）。

prologue

纯白的珐琅容器干净而美观,
单是摆放在厨房,就散发着清爽感。
作为冷藏容器坐镇于冰箱中,也显干净整洁。
盛入料理时,会映衬出食材的本色,显得格外诱人。

它不仅颜值高,
"冷藏成形、烤箱烘焙、蒸锅清蒸、炉火直烧"
样样在行。
所以当你要准备百乐餐时一定会想到它!
用珐琅容器做的菜可以直接端上桌,
想要吃热菜时,也可以直接拿来加热。

珐琅容器是百乐餐的好搭档。
我们不仅把它作为容器,
还要将其物尽其用地利用起来!

珐琅容器的魅力

因为珐琅器具设计得很美观，所以很多人把它当成容器来使用。但令人意外的是，大家竟然不知道它可以用于烹调。其实它和煎锅以及其他锅是一样的，可以直接明火加热，还可以作为耐热容器直接放在烤箱或面包炉里烘烤，适用于各种烹饪工具。此外，它的冷却效果也很出色，可以用于寒天及食用明胶的固定成形。我将在这里向大家介绍一下珐琅容器用于烹调时的魅力。

冷却成形

珐琅容器适用于制作果冻、寒天、杏仁豆腐等。它的散热性能突出，短时间内可以很快散热，也能放入冰箱冷却。

*请避免突然冷却容器。

烤箱烘焙

珐琅容器作为耐热器皿也是大有用处的。可以放入烤箱烘焙千层面或者蛋糕，也可以放入面包炉里制作奶油焗菜。

蒸锅清蒸

珐琅容器也可以用于清蒸。蔬菜或烧卖可以放在里面直接上火蒸,然后热气腾腾上餐桌。

炉火直烧

珐琅容器可以直接放在火上加热。参加百乐餐时,到了聚餐的主人家,将珐琅容器放在火上加热即可。

⚠【珐琅容器的使用注意事项】

○珐琅会反射微波,所以不能用微波炉加热,也不能用电磁炉。

○如果带有树脂或木制的把手、手柄,以及附带的盖子,均不能用于烤箱。只有全部由珐琅制成的容器才可以。

○珐琅容器经明火或烤箱加热后温度会升高,所以请注意不要被烫伤。可以用防烫手套或者双层线手套,但是请注意防滑。

○干烧容易造成裂纹,所以一旦干烧后,请让它自然冷却,千万不要注入冷水。

○使用后请充分擦干水渍然后晾干。留有水渍会导致生锈。

○清洗时请使用海绵或天然材质的刷具。由于金属刷具和研磨剂会造成划痕,所以请避免使用。

珐琅容器，百乐餐的好搭档

我和我周围的朋友都热爱美食！
我们会时不时地聚在一起开宴会。
呼朋唤友来我家，去别人家，去公园聚餐……
这时大家都带上自己的拿手菜，
然后聊得不亦乐乎。
所以一旦听说要举办百乐餐，
大家便会欣喜雀跃："啊，终于等到了！"

这时珐琅容器就是我强有力的好搭档！
省去往外拿盘子的步骤，
直接用珐琅容器烹调，一举两得。
"用珐琅容器来做菜？"一开始听到这话，大家会很吃惊，
但是习惯了之后会发现，珐琅容器使用起来真的非常方便。
想要趁热吃的奶油焗菜和千层面，
只要简单借用下烤箱或烤炉，
就可以享用刚出炉的美味啦。
蛋糕、布丁之类的可以直接连容器带过去，
真是再省心不过了。

这本书将向您介绍简单的冷菜，别出心裁的主菜、主食以及饭后甜点的制作，
都是一些容易制作的食谱，
用简单的食材让您的餐桌变得华丽无比。
学会这些食谱后，
当你掀开锅盖的一瞬间，大家便会露出笑容。
百乐餐食谱的创意是由编辑佐佐木先生以及诸位工作人员想出来的。
希望您可以通过本书度过百乐餐的快乐时光。

重信初江

PART 1

百乐餐之
冷菜食谱

冷菜最好是精致而小巧的，
配着胃酒，
聊着天，等待大家的到来。

生火腿蔬菜肉冻

盐鲅鱼泥

鸡肉泥

生火腿蔬菜肉冻

切片后非常漂亮，会为餐桌增光添彩。
菜谱制作的重点是一边倒入肉冻汁，一边叠放蔬菜。

使用容器

长方形
深型 M

◎材料（4~5 人份）

茄子 …… 2 根

西葫芦 …… 1/2 根

橄榄油 …… 2 大勺

盐 …… 少许

圆白菜叶 …… 1 片

秋葵 …… 6 个

彩椒（红、黄）…… 各 1 个

A

高汤 …… 1 杯

*用小勺挖 1/2 匙颗粒状高汤料，再用一杯热水融化即可。

食用明胶（粉末）…… 5g

盐 …… 1/2 小勺

胡椒 …… 少许

生火腿 …… 50g

迷你玉米（即食 / 水煮）…… 6 根

◎制作方法

1 茄子去蒂后切成 2~3mm 的薄片。西葫芦竖切成两半，然后切成 2~3mm 的薄片。

2 把橄榄油倒入平底锅加热，同时把 1 摆入锅中撒上少许盐，不停翻面，用较弱的中火烧 2~3 分钟，让食材熟透，然后盛出放至吸油纸上。

3 把圆白菜去芯切成 5~6cm 的大片。锅中放入少许盐（材料外）和水烧开，圆白菜焯水 1 分钟左右后取出入凉水冷却。然后把秋葵焯水 30 秒左右，入凉水冷却，去蒂。冷却后擦干表面水分。

4 彩椒竖切成 4 等份，去籽，用煤气烤炉高火（或烤网）把表皮烤 3~4 分钟，待完全发黑后翻面再烤 2 分钟左右。散热后剥掉表皮。

5 把 A 材料放入锅中充分搅拌，加热。煮沸后关火。

6 把生火腿铺在珐琅容器中，两侧（长边）各露出 5cm。淋上一大勺 5 然后铺上圆白菜。再淋上一大勺 5，把擦干水的迷你玉米、秋葵、彩椒、西葫芦、茄子按顺序叠放。每放一层就淋一勺 5。

7 把剩下的肉冻汁浇上，把露在外面的火腿折进去叠放好，然后盖上盖子（参考 p30）放入冰箱 3~4 小时，充分冷却等待成形。

8 从边缘插入竹签把菜品从容器中取出（取不出的话可以放入热水盆中 2~3 秒），切成易入口的大小。

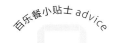

百乐餐小贴士 advice

为了使肉冻不融化，请使用加入保冷剂的保冷袋。

肉泥两种

使用容器  圆形直径 12cm

盐鲅鱼泥

用鱼肉做一份清淡的肉泥。
只含有少量的脂肪，可以尽情享用。

◎材料（4~5 人份）

盐鲅鱼 …… 1 条（约 300g）

柠檬片 …… 3 片

蒜泥 …… 1/3 小勺

酸豆（瓶装 / 用醋泡过的）…… 1 大勺

橄榄油 …… 1 小勺

盐 …… 1/3 小勺

胡椒 …… 少许

酸奶（原味）…… 5~6 大勺

◎制作方法

1 把盐鲅鱼放到烤炉（或烤网）上烤 5~6 分钟，
  翻面后再烤 3~4 分钟，散热后去皮取刺，碾碎。

2 柠檬去皮切碎。

3 在碗中放入 1/2 的量，加入切成粗粒的酸豆，
  撒上橄榄油、盐、胡椒，加入酸奶搅拌至能够
  抹到面包片上的软硬度。

鸡肉泥

重点是鸡肉不要切得过碎，要留有纤维。
可以抹在法式面包棍等自己喜欢的面包上。

◎材料（4~5 人份）

鸡腿肉 …… 1 大片（350g）

胡萝卜 …… 1/4 根

洋葱 …… 1/4 个

黄油 …… 30g

蒜泥 …… 1/3 小勺

白葡萄酒 …… 1/3 杯

	水 …… 1 又 1/3 杯
A	高汤颗粒 …… 1/3 小勺
	盐 …… 1/3 小勺
	胡椒、牛至（可不用）…… 少许

◎制作方法

1 鸡肉去皮切成易入口的小块。

2 胡萝卜和洋葱去皮后切成薄片备用。黄油放入
  平底锅，用小火加热 3~4 分钟，注意不要烧焦。

3 把切好的胡萝卜和洋葱加入 2 和 1，炒 3~4 四
  分钟，倒入白葡萄酒煮 3~4 分钟，然后加入 A
  煮 30 分钟左右，直到鸡肉软烂，汤汁剩 1/4
  左右。

  * 为了防止鸡肉烧干，可以盖上锅盖，会烧得更软糯。

4 加入搅拌机搅拌，注意不要让食物纤维过于
  精细。

5 移入珐琅容器，底部放在冰水上搅拌散热。呈
  现黏糊糊状时就完成了。

13

法式蔬菜沙拉

法式蔬菜沙拉是蔬菜中加入调味汁的开胃菜。
古斯米与蔬菜搭配成美味沙拉。

使用容器　圆形直径
16cm

◎材料（4~5 人份）

古斯米 …… 1 杯

A
| 热水 …… 1 杯
| 橄榄油 …… 1 大勺
| 盐 …… 少许

B
| 橄榄油 …… 3 大勺
| 醋 …… 3 大勺
| 法国芥末 …… 1/2 大勺
| 盐 …… 2/3 小勺
| 胡椒 …… 少许

胡萝卜 …… 1 根

黄瓜 …… 1/2 根

西兰花、菜花 …… 各 4 小朵

扁豆 …… 50g

甜菜根（罐头 / 水煮）…… 100g

欧芹碎 …… 2 大勺

◎制作方法

1 把古斯米放入碗中加入 A 搅拌。盖上保鲜膜上
锅蒸 15 分钟。

2 把 B 放入小碗中拌匀。

3 胡萝卜擦成丝，加两大勺 B 搅拌。

4 甜菜根加入 1 大勺 B 搅拌。

5 西兰花和菜花如果大的话，就切成两半，扁豆
切成 4cm 小段。锅中将浓盐水（两杯水加两
小勺盐，材料外）煮沸，把蔬菜焯水后，捞出。

6 黄瓜切成 1cm 厚的圆片，撒上少许盐(材料外)。

7 把剩余的 B、欧芹碎和 1 混合，铺到容器底部，
并用勺子轻轻压紧。把 3 连汁倒入铺开，让一
部分稍稍隆起，然后在周围装饰上 4、5、6。

a

金黄酱
土豆沙拉

在容器底部铺上调味酱，
然后放上土豆沙拉，
吃的时候拌匀即可。

使用容器　长方形浅盘 s

◎材料（4~5 人份）

土豆 …… 3 个（约 450g）

A
| 醋 …… 1 大勺
| 盐 …… 1/4 小勺
| 胡椒 …… 少许

火腿 …… 3 片

黄瓜 …… 1 根

洋葱 …… 1/4 个

盐 …… 1/3 小勺

玉米（罐头）…… 50g

B
| 蛋黄酱 …… 3 大勺
| 牛奶 …… 2 大勺

C
| 蛋黄酱 …… 1/3 杯
| 番茄酱 …… 3.5 大勺
| 水 …… 3.5 大勺
| 盐、胡椒 …… 少许

◎制作方法

1　将土豆洗净包上保鲜膜，用微波炉 600W 加热 4 分钟，翻面再加热 3~4 分钟。加热至能够插入牙签，趁热剥皮，并碾碎，与 A 搅拌。

2　火腿片切成 8 等份。黄瓜和洋葱切成薄片，撒上盐，放置 15 分钟后，挤出水分。

3　1 散热后加入 B 搅拌，再加入 2 和玉米一起搅拌。

4　把搅拌均匀的 C 倒入容器，然后把 3 盛入。

小贴士 advice

时间久了土豆沙拉会吸收下面的调味汁，因此最好临出门前再盛到容器里。

a

意大利热沙司

蓝色奶酪沙司

两种
蔬菜沙司

重点是按照食材的软硬先后进行蒸制。
要想快点蒸好，建议用浅型的容器。

使用容器　圆形直径 19cm　圆形直径 10cm

◎材料（4~5 人份）

红薯 …… 1/2 根（150g）

胡萝卜 …… 1/2 根

蔓菁 …… 2 个

西兰花 …… 1/3 颗（约 100g）

芦笋 …… 4 根

意大利热沙司

A
| 蒜 …… 3 瓣
| 凤尾鱼 …… 20g
| 橄榄油 …… 4 大勺
| 芥末颗粒 …… 1 大勺
| 盐 …… 1/3 小勺
| 黑胡椒 …… 少许

蓝色奶酪沙司

B
| 蓝色奶酪 …… 50g
| 蛋黄酱 …… 4 大勺
| 醋 …… 1 大勺
| 胡椒 …… 少许

a

◎制作方法

1　红薯切成 7~8cm 厚，泡在水中。胡萝卜去皮后切成两段，然后每段切成 6 等份。

2　蔓菁的茎部保留 5~6cm，然后切成 4 等份。

3　西兰花掰成小朵，大的可以切成两半。芦笋从根部以上 3cm 的皮用刮皮器去掉，切成两半。

4　把 1 放入珐琅容器中，待蒸锅上汽后上锅蒸 10~15 分钟。

* 这时食材已经差不多熟了，但还有点硬。如果是浅型的容器，时间会短一点儿。

5　把 2 放入 4，再蒸 3~4 分钟，待差不多熟了，再放入 3，再蒸 2~3 分钟（a）。

6　制作意大利热沙司。把大蒜切成两半，去芯，连同 4 大勺水一起放入耐热容器中。盖上保鲜膜，用 600W 的微波炉加热 3 分钟左右，直到可以插入牙签。倒出多余水分，把蒜碾碎。凤尾鱼切碎，与蒜泥和其他剩余的材料一起放入珐琅容器（小），搅拌均匀。

7　制作蓝色奶酪沙司。把蓝色奶酪放入另外一个珐琅容器（小），并碾碎，然后放入剩余材料搅拌均匀。

8　用 5 蘸 6、7 食用。

法式芝士蔬菜蛋糕

简易沙拉

法式芝士蔬菜蛋糕

使用容器 〕 长方形
深型 M

可以加入芝士、菠菜、火腿等，
烤好后放在珐琅容器里直接参加百乐餐聚会。

◎材料（4~5 人份）

洋葱 …… 1/2 个

培根 …… 3 片

橄榄油 …… 1 小勺 +3 大勺

番茄干 …… 30g

黑橄榄（无籽）…… 30g

鸡蛋 …… 2 个

牛奶 …… 4 大勺

A | 低筋粉 …… 120g
  | 泡打粉 …… 3g

B | 奶酪粉 …… 1 大勺
  | 砂糖 …… 1 大勺
  | 盐 …… 1/4 小勺
  | 胡椒 …… 少许

迷迭香（最好用鲜的）…… 1 根

◎制作方法

1　A 混合拌匀。

2　在珐琅容器底部抹上薄薄一层橄榄油（材料外），撒上少许强力粉，将容器底部全部盖住，去除多余的面粉（a）。烤箱 180℃预热。

3　洋葱切薄片，培根切成 5mm 厚。平底锅中加入 1 小勺橄榄油加热，加入洋葱炒软，再加入培根继续加热 2~3 分钟，炒至略微焦黄。关火散热。

4　番茄干用热水泡 5 分钟后，切成粗粒。黑橄榄切成圆片，取出 10 片左右用于装饰备用。

5　碗中打入鸡蛋，加入牛奶和 B，充分搅拌，再加入 3 大勺橄榄油继续搅拌。加入 1 大致搅拌一下，再加入 3 和 4 略微搅拌。

6　把 5 倒入容器 2 中，撒上装饰用的橄榄片和迷迭香，放入预热至 180℃的烤箱烤制 35~40 分钟。用牙签插一下拔出，如果不会粘上什么就可以了。

a

简易沙拉

使用容器　圆形直径 19cm

百乐餐可以来点特别的蔬菜沙拉，
蔬菜可以保持新鲜清脆的口感直接带过去。

◎材料（4~5 人份）

绿叶蔬菜 …… 3 大片

菊苣（苦菜）…… 1 小棵（30g）

紫甘蓝 …… 3 片

圣女果 …… 10 个

A │ 橄榄油、盐、胡椒、柠檬　各适量

◎制作方法

1　所有叶菜都切成适合食用的大小，菊苣切成
　　2~3cm 大小。圣女果去蒂。

2　除圣女果外其他蔬菜都放入冰水中，让蔬菜
　　口感更清脆。捞出后用沙拉蔬菜脱水器（a）
　　把水分沥干。

3　把 2 和圣女果放入珐琅容器，然后放入冰箱，
　　出门时再取出来。食用前加入 A。

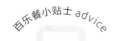

百乐餐小贴士 advice

带出门时请放入保冷
袋中。清脆的蔬菜马上就
可以吃起来。

a

法式乳蛋饼

使用容器　长方形 浅型 S

用冷冻派皮制作，超简单！
即使凉了也很好吃。

◎材料（4~5 人份）

鸡蛋 …… 2 个

A
| 淡奶油 …… 1/2 杯
| 奶酪粉 …… 2 大勺
| 盐 …… 1/4 小勺
| 肉豆蔻、胡椒 …… 少许

洋葱 …… 1/4 个

蟹味菇 …… 50g

火腿 …… 3 片

菠菜 …… 100g

黄油 …… 10g

派皮（冷冻）…… 1 片

◎制作方法

1　碗中打入蛋液，与 A 混合。

2　洋葱切薄片，蟹味菇去根掰成小朵。火腿片切成两半后，再切成 7~8mm 的丝，菠菜焯水后切成 3cm 的段。烤箱 180℃预热。

3　平底锅中加入黄油加热，把洋葱炒软，再加入蟹味菇继续炒 1~2 分钟。加入火腿、菠菜稍加炒制，关火放凉。

4　派皮在常温下放置 15 分钟左右，让它恢复弹性。撒上干面粉（强力粉，材料外），用擀面杖擀到跟珐琅容器底部一样大，铺到容器中，把多余的边缘切掉，用叉子均匀地插上小孔（a）。

＊冷冻派皮很快就会变软，所以操作时要尽量快一些。

5　把 3 平铺到 4 上，倒入 1 的蛋液。用预热至 180℃的烤箱烤制 30~35 分钟。

a

醋汁海鲜

海鲜的鲜美和酸酸的调味汁搭配出绝佳美味！
盖上密封盖子，不用担心汤汁洒出来。

使用容器　长方形
深型 L

◎材料（4~5 人份）

鱿鱼 …… 1 只（约 150g）

虾（带壳）…… 中等个头 12 只

扇贝柱 …… 8 个

蛤蜊 …… 200g

紫洋葱 …… 1/2 个

芹菜 …… 1/2 根

芹菜叶 …… 3~4 片

　　　醋、橄榄油 …… 各 3 大勺

　　　法国芥末 …… 1 大勺

A　　红胡椒（甜胡椒）…… 1 大勺

　　　盐 …… 1/3 小勺

　　　胡椒 …… 少许

酸豆（瓶装 / 用醋泡过的）…… 1 大勺

橄榄油 …… 1 大勺

白葡萄酒 …… 1/3 杯

红辣椒 …… 1 个

◎制作方法

1　把鱿鱼头部和身体切分开，去除身体部分的内
脏和软骨，去掉头部的眼和牙。洗净后把身体
切成 1cm 厚的片，头部切成适当大小，如果爪
过长，可以切为两半。

2　虾留下尾部的一节，其余去壳，用牙签把虾线
挑出，虾背部竖切一刀。扇贝柱横切两半。蛤
蜊充分洗净。

3　紫洋葱和芹菜切成薄片，芹菜叶切碎。放入碗中，
加 A 和酸豆搅拌。

4　平底锅加入橄榄油加热，放入 2，用大火炒 2
分钟左右，倒入白葡萄酒。待蛤蜊开口时，放
入 1 以及红辣椒（去籽切成 3~4 等份），充
分搅拌炒制。

5　待蛤蜊全部开口后（没开口的扔掉），虾等海
鲜都炒熟，连汁倒入 3，充分搅拌，关火。移
入珐琅容器，盖上盖子（a）。

* 可以直接食用，但是建议放置 30 分钟左右，这样会更入味。
也可放在冰箱中，能保存 4~5 天。

a

西式泡菜

可以用任何蔬菜，
如果用硬的根类菜或菌类，需要提前用调味汁煮一下。

使用容器　正方形 M

◎材料（4~5 人份）

胡萝卜 …… 1/4 根
黄瓜 …… 1/2 根
彩椒（黄）…… 1/4 个
小红萝卜 …… 4 个
菜花 …… 50g
藕 …… 50g

A
|水 …… 1 杯
|醋 …… 1/3 杯
|盐 …… 1 小勺多
|砂糖 …… 1 大勺
|黑胡椒粒 …… 1 小勺
|月桂叶 …… 1 片

◎制作方法

1　胡萝卜去皮切成 5mm 厚的圆片，黄瓜横切成两半后再竖切成 4 条，彩椒竖切成 4 等份再斜着切成两半。小红萝卜去蒂留嫩叶，菜花掰成小朵，太大的切成两半。以上材料放入珐琅容器中。

2　莲藕去皮，切成 2~3mm 厚的半月状，洗净。把藕放入锅中，加入 A 后点火。沸腾后把 1 全部倒入锅中，关火放凉。

* 在冰箱里可以保存一周。

和式蘑菇泡菜

可以充分享受蘑菇的口感，
香菇或杏鲍菇都可以。

使用容器　正方形 M

◎材料（4~5 人份）

蟹味菇 …… 约 200g

舞茸（灰树花）…… 约 200g

金针菇 …… 约 200g

蒜片 …… 1 瓣

酒 …… 3 大勺

A
 红辣椒碎 …… 1 个辣椒的量
 色拉油 …… 4 大勺
 醋 …… 4 大勺
 酱油 …… 3 大勺
 砂糖 …… 1/2 小勺

◎制作方法

1　菌类去根，蟹味菇掰开，舞茸也掰散，金针菇切成两半后弄散。

2　把 1 和蒜片放入锅中，撒上酒，盖上盖子中火煮 1 分钟，转小火再煮 1~2 分钟。出汁后把盖子拿掉，一边搅拌再煮 1~2 分钟，直到所有材料变软。趁热加入 A 然后拌匀。

* 可以在冰箱中保存 1 周。

本书中使用的珐琅容器

本书中使用的均为"野田珐琅"制造的白色系列容器。白色系列有很多种产品，本书从其中挑选了形状和尺寸适合用于百乐餐制作的产品。形状大致可以分为圆形、正方形、长方形三种以及带有手柄的容器。此外，盖子有塑料盖、珐琅盖、密封盖三种，塑料盖可以适用于任何容器，但是后两种不是适用于所有容器，您可以参考野田珐琅的主页进行确认。

* 书中使用的容器种类在每个菜谱中均有明确标识。

容器的大小和容量

左下　长方形深型
　　　M：W18.3×D12.5×H6.2cm/0.85L
　　　L：W22.8×D15.5×H6.8cm/1.5L

左中　长方形
　　　S：W10.6×D10.0×H5.4cm/0.32L
　　　M：W12.4×D12.4×H8.4cm/0.8L

左上　带手柄的方型
　　　S：W16.7×D12.4×H11.8cm/1.2L

右下　长方形浅型
　　　S：W20.8×D14.5×H4.4cm/0.8L
　　　M：W25.2×D18.8×H4.8cm/1.4L
　　　L：W29.0×D22.8×H5.7cm/2.4L

右上　圆形
　　　10cm：外径11.0×H4.4cm/0.28L
　　　12cm：外径13.5×H5.3cm/0.54L
　　　14cm：外径15.6×H6.4cm/0.8L
　　　16cm：外径17.9×H7.3cm/1.3L
　　　19cm：外径20.3×H8.4cm/1.9L

三种盖子

右下　塑料盖：适用于所有珐琅容器，方便实用，价格适中，13~22元人民币。但是容易残留味道并且不耐热。不能放入洗碗机和干燥机。

左　　密封盖。可以完全密封，适用于外出携带。虽然能够放入洗碗机和干燥机，但是也容易残留味道。价格由尺寸决定，45~65元人民币。

右上　珐琅盖。盖到容器上即可，开合方便。耐热，不易残留异味，可以用于洗碗机和干燥机。但是注意容器一旦倾斜，盖子会很容易滑落。价格由尺寸决定，60~100元人民币。

*盖子需要单独购买，请根据食材种类和使用用途进行选择。

PART 2

百乐餐之
主菜食谱

主菜让我们以鱼和肉为主，分量十足哦。
西式、中式、民族风味等，
丰富多彩的食谱等你来了解。

法式午餐肉

用几种肉做出的味道醇厚的一道大餐，
建议提前 2~3 天做好备用。

使用容器　长方形深型 M

◎材料（4~5 人份）

洋葱 …… 1/2 个

色拉油 …… 1 小勺

鸡肝 …… 2 个（约 120g）

猪里脊（烤猪扒用）…… 2 片（300g）

猪肉糜 …… 300g

A

　蒜泥 …… 1 小勺

　黑胡椒 …… 1 小勺

　科涅克白兰地酒 …… 1 大勺

　* 如果没有科涅克，波特酒和卡尔瓦多斯酒也可以。

　白葡萄酒 …… 2 大勺

　盐 …… 1 又 1/3 小勺

　肉豆蔻、丁香、肉桂 …… 各少许

月桂叶 …… 3~4 片

芥末粒、面包、泡菜（根据喜好选择）

◎制作方法

1 洋葱切薄片。平底锅入色拉油加热后放入洋葱，
炒 5~6 分钟至变色变软，关火散热。

2 鸡肝用水泡 30 分钟左右，泡出脂肪和血水。

3 把切成 1.5cm 大小的猪肉块放入料理机中略微
绞一下，不要过细。鸡肝也是同样处理。

　* 如果没有料理机，可以用刀切成粗粒状，然后拍打至有点黏性。

4 把肉糜和 A 放入碗中，用橡胶刮刀搅拌，加入
1 和 3 继续搅拌。

5 把 4 放入珐琅容器，轻轻震动几下，去除多余
空气，中央摆上月桂叶然后盖上珐琅盖子（参
考 P30），或者用两层锡箔纸盖住。把容器放
入不锈钢盘中，加入 2cm 左右的热水。

6 把 5 放到烤盘上，用预热至 150℃的烤箱烤
1~1.5 小时（按一下中央部分，有弹性或者用
牙签插一下再放到嘴里，感觉到烫就可以了。
会有粉色的肉汁流出）。

7 把 6 从烤箱中取出散热，肉汁移入碗中。用一
个同样大小的珐琅容器压在上面，放置 2 小时
左右，让肉质更紧实。

8 肉汁过滤一下倒回 7，放凉后入冰箱。根据个人
口味撒上芥末粒或者泡菜，放在面包片上食用。

　* 比起刚做好，放上两三天后肉会更入味，更好吃。能够在冰
箱中保存 1 周。

a

意式海鲜

使用容器　长方形 浅型 L

用鲷鱼或者金目鲷等一整条鱼来做的话会更显豪华，
跟红酒十分相配的一道菜。

◎材料（4~5 人份）

生鲑鱼（切段）…… 3 块

A | 盐 …… 1/3 小勺
　 | 胡椒 …… 少许

蛤蜊 …… 200g

圣女果 …… 12 个

洋葱 …… 1 个

蒜 …… 1 瓣

橄榄油 …… 1.5 大勺

B | 盐 …… 1/3 小勺
　 | 胡椒 …… 少许

青橄榄（带籽）…… 12 个

酸豆（瓶装 / 醋腌）…… 1 大勺

白葡萄酒 …… 1/2 杯

切碎的意大利香芹 …… 适量

◎制作方法

1　把 A 撒在鲑鱼段上，放置 15 分钟左右。蛤蜊
　　要充分洗净。圣女果去蒂。

2　洋葱切丝，蒜切成蒜末。

3　平底锅放入 1/2 大勺橄榄油加热，放入鲑鱼段，
　　用稍强的中火煎 1~2 分钟，表面稍变色即可
　　取出。

4　把剩下的 1 大勺橄榄油放到珐琅容器中加热，
　　然后放入 2 用中火炒 1~2 分钟，洋葱丝变软后
　　加入 B，然后把 3 摆放入内，周围放上蛤蜊、
　　圣女果、青橄榄、酸豆，然后倒上白葡萄酒，
　　用锡纸盖上煮 4~5 分钟。

5　等蛤蜊都开口就可以了。关火取下后撒上香
　　芹碎。

⚠ 用明火加热时千万不要用手去碰！一定要用隔热手套。

口水鸡

烧卖

口水鸡

蒸鸡时出来的汤汁可以用来做汤。
用珐琅容器蒸完就可以直接端上餐桌。

使用容器　长方形浅型 M　圆形直径 10 cm

◎材料（4~5 人份）

鸡胸肉 …… 2 片

A
葱叶 …… 3 根
姜片 …… 3~4 片
酒 …… 2 大勺

B
白芝麻碎 …… 3 大勺
辣油 …… 2 大勺
酱油 …… 1 大勺
黑醋 …… 2 大勺
姜泥 …… 1/2 小勺
砂糖 …… 1/2 小勺
花椒粉 …… 1/3 小勺
盐、胡椒 …… 各少许

香菜 …… 2 棵

◎制作方法

1 鸡肉去除掉多余的油脂，把筋切断。把 A 的葱叶切碎，使其散发葱香。把鸡肉摆在珐琅容器中，加上 A，放入已经上汽的蒸笼中蒸制 6~7 分钟，直到插入牙签后有透明的肉汁流出。关火冷却（a）。

2 碗中加入 B 和 1 的 2 大勺肉汁，拌匀，然后放入另一个珐琅容器。

3 取出 1 的鸡肉，切成易入口的大小，再次摆到珐琅容器里，撒上 1cm 长的香菜段。倒上 2 的调味汁即可食用。

a

烧卖

在容器中摆放得紧一点儿，
带出去的时候就不用担心会晃动。
凉着吃也好吃。

使用容器　　长方形
　　　　　　浅型 M

◎材料（4~5 人份）

圆白菜叶子 …… 1 大片

胡萝卜 …… 1/6 根

洋葱 …… 1 个

鲜香菇 …… 3 个

淀粉 …… 1 大勺

猪肉馅 …… 450g

A　香油 …… 1 大勺
　　酒 …… 2 大勺
　　酱油 …… 1 小勺
　　盐 …… 1/3 小勺
　　胡椒 …… 少许

烧卖皮 …… 24 片

青豆（冷冻）…… 24 粒

◎制作方法

1　圆白菜切成小片，胡萝卜切成薄片，把这两样
　　菜铺在珐琅容器底部。

2　洋葱和香菇切碎，撒上淀粉。

3　碗中放入猪肉馅和 A，充分搅拌，加入 2 再次
　　搅拌，然后分成 24 等份。拇指和食指捏起成
　　圈状，把烧卖皮放上，然后把馅放入（a）。

4　把 3 摆在 1 上，每个放上 1 粒青豆，放入已经
　　上汽的蒸笼中，用稍大的中火蒸 5~6 分钟。

　　* 中间的烧卖比较难熟，可以中途调整一下位置。

a

莫萨卡（碎肉茄盒）

茄子切成相同厚度的片，层层叠放，赏心悦目。
用西葫芦来做这道菜也很美味。

使用容器 圆形直径 16 cm

◎材料（4~5 人份）

原味酸奶 …… 1.5 杯

茄子 …… 6 根

A
| 色拉油 …… 1/2 杯
| 橄榄油 …… 3 大勺

盐 …… 1/4 小勺

洋葱 …… 1 个

蒜 …… 1 瓣

橄榄油 …… 1 大勺

牛肉猪肉混合肉馅 …… 500g

B
| 盐 …… 1 小勺
| 小茴香（粉末）…… 少许
| 胡椒 …… 少许

西红柿罐头（完整的西红柿）…… 1 罐

C
| 盐 …… 1/4 小勺
| 蒜泥 …… 1/3 小勺

◎制作方法

1 用咖啡过滤器（或者结实的纸巾）将酸奶沥水 3 小时。

2 茄子去蒂切成 2~3cm 厚的片。平底锅中放入 A 开火加热，分几次把茄子片过油炸一下。捞出后用吸油纸去除多余的油，然后撒上盐。烤箱 220℃ 预热。

3 洋葱和蒜切碎。平底锅放入橄榄油加热后，放入洋葱和蒜，用稍弱的中火炒 4~5 分钟，直到洋葱变软。然后加入肉馅，再炒 3~5 分钟直到变色。

4 把 B 倒入 3，再把西红柿罐头连汁加入，把西红柿捣碎，煮 5~6 分钟。

5 把 2 的茄子的 1/3 成放射状摆入珐琅容器，再把 4 的一半平铺上（a）。再放一层茄子，然后把剩下的 4 放上，最后把剩下的茄子片盖上。

6 用预热至 220℃ 的烤箱烤 10 分钟。烤好后上面会有很多油，趁热用吸油纸吸掉。

⚠ 注意不要烫伤。

7 吃的时候，把容器倒过来放到盘子里，然后浇上 1 与 C 的混合调味汁。

a

汉堡肉饼加
法式炖菜

法式炖菜加汉堡肉饼，分量十足！
葡萄酒醋更是提味儿。

使用容器 长方形 浅型 M

◎材料（4~5 人份）

洋葱 …… 1 个

西葫芦 …… 1 根

茄子 …… 2 根

西红柿 …… 2 个

芹菜 …… 1/2 根

橄榄油 …… 2.5 大勺

A
| 葡萄酒醋 …… 1 大勺
| 酱油 …… 1/2 小勺
| 盐 …… 1/2 小勺
| 胡椒 …… 少许

牛肉猪肉混合肉馅 …… 500g

B
| 面包糠 …… 1/2 杯
| 牛奶 …… 2 大勺

C
| 鸡蛋 …… 1 个
| 盐 …… 1/2 小勺
| 肉豆蔻 …… 少许
| 胡椒 …… 少许

◎制作方法

1 洋葱一半切碎，另一半切成 7~8mm 见方的小块。其他蔬菜也切成同样大小的块状。

2 平底锅放入两大勺橄榄油加热，放 1 切好的除西红柿以外的其他蔬菜，用稍弱的中火炒 2 分钟左右，等全都变软后，加入西红柿和 A，继续炒 3~4 分钟直到西红柿基本炒成汁。

3 碗中放入洋葱碎和肉馅，把混合好的 B 和 C 加入，用力搅拌，搅拌好之后分成 8 等份。然后把每一个都团成中间稍突出的肉饼。

4 平底锅内放入剩下的橄榄油加热，把 3 放到锅里。用稍弱的中火煎 2~3 分钟，待变色后翻面，继续用小火煎 4~5 分钟，直到熟透。

5 把 2 放到珐琅容器中，然后摆放上 4。

煮肉和煮蛋

特别入味的一道菜，煮好放凉后直接吃也很美味。
猪肉可以用线捆着，形状会保持得比较好。

使用容器

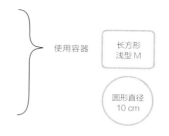

◎材料（4~5人份）

鸡蛋 …… 4 个

色拉油 …… 1 小勺

猪里脊（烤肉用）…… 1 条（500~600g）

A
- 水 …… 2 杯
- 酒 …… 1 杯
- 酱油 …… 1/2 杯
- 料酒 …… 1/3 杯
- 砂糖 …… 2 大勺
- 蒜瓣（切成两半）…… 两瓣
- 姜片 …… 2~3 片

油菜 …… 1 棵

◎制作方法

1 锅内放入鸡蛋，倒上水，差不多盖过鸡蛋即可，加入 1~2 大勺醋（材料外），开火，沸腾后用小火煮 5 分钟，然后捞出去壳。

2 平底锅中倒入色拉油加热，放入猪肉，用稍大的中火，一边不断调整肉的方向一边煎，每面煎 2~3 分钟，直到全部变成金黄色。

3 锅内放入 A 煮沸后，放入 2，再次沸腾后去除浮沫，待肉要浮起时，盖上锅盖转为小火煮 30 分钟，中间翻面，每面各煮 15 分钟。用竹签插一下，有肉汁流出时，加入 1，然后关火，放凉。

4 把步骤 3 的肉取出，切成适合入口的大小，鸡蛋切成两半，盛入珐琅容器。

5 把油菜的叶和茎切开。茎切成 8 等份，撒上少量盐（材料外）入热水焯 1 分钟，然后再加入叶焯水 30 秒，捞出沥水，加入 4。

6 3 的汤汁过滤后倒回锅中，煮到剩一半左右，可以根据口味淋到煮好的肉上。

韩式煮肉拼盘

使用容器

长方形
浅型 S

长方形
浅型 M

正方形
S

把珐琅容器用蔬菜塞得满满的，
菜就不会散开了。
推荐使用煮过的圆白菜或略苦的紫甘蓝。

◎材料（4~5 人份）

五花肉（整块）…… 1 块（约 500g）

盐 …… 1 大勺

A | 长葱的绿叶部分 …… 2~3 根
  | 姜片 …… 3~4 片

B | 大酱 …… 4 大勺
  | 韩式辣酱 …… 4 大勺
  | 香油 …… 2 大勺

辣白菜 …… 150g

长葱 …… 1 根

生菜 …… 3~4 片

莴苣叶 …… 5~6 片

紫苏叶 …… 8~10 片

◎制作方法

1 猪肉撒上盐，放入冰箱 3 小时至 1 夜。

2 用水洗去表面的盐，然后放入锅中，加入水（以刚刚能没过猪肉为宜），加入 A 开火。待沸腾后撇去浮沫，用小火煮 30 分钟，上下翻面后再煮 20 分钟左右。用牙签插一下，能流出肉汁就关火，放凉（a）。

3 把 2 煮好的肉，切成容易入口的大小，然后盛入珐琅容器，把混合好的 B 及辣白菜也分别放入另外的容器。

4 长葱斜切成片后入冷水，轻轻揉洗后沥干水分。生菜切半，把蔬菜摆放入珐琅容器，用自己喜欢的蔬菜包着肉片和 B、辣白菜一起吃即可。

a

鸡蛋蚕豆奶油焗菜

使用容器　长方形浅型 M

圆滚滚的煮鸡蛋是美味的关键，
如果没有蚕豆，可以用玉米、小南瓜、红薯等代替。

◎材料（4~5 人份）

蚕豆 …… 400g

鸡蛋 …… 4 个

洋葱 …… 1 个

黄油 …… 30g

虾仁 …… 150g

小麦粉 …… 3 大勺

白葡萄酒 …… 1/3 杯

牛奶 …… 1 杯

淡奶油 …… 1/2 杯

A | 盐 …… 1/2 小勺
　| 胡椒、肉豆蔻 …… 各少许

奶酪（比萨专用）…… 30g

◎制作方法

1　蚕豆去壳，在薄皮的黑色部分划一刀。锅内加入水和少许盐（材料外），开火沸腾后，放入蚕豆煮 1 分钟，然后捞起把薄皮去掉。

2　把鸡蛋放入锅中，倒上水，差不多盖过鸡蛋即可，加入1~2 大勺醋（材料外），开火，沸腾后用小火煮 5 分钟，然后捞出去壳。

3　洋葱切薄片。平底锅放入黄油加热，然后放入洋葱片，用小火炒 2~3 分钟，直到洋葱超软，注意不要炒焦。加入虾仁继续炒，然后撒上小麦粉，再炒 1~2 分钟。

4　把白葡萄酒加入 3 中，待煮到还剩一半左右时关火。倒入牛奶和淡奶油，搅拌均匀后再次开火，一边搅拌一边煮，直到呈黏状。最后用 A 调味。

5　把 4 的一半倒入珐琅容器，然后放上 2，再把剩下的一半 4 倒入（a），把 1 撒上然后再撒上奶酪。放入烤面包炉里烤 5~6 分钟至上色即可。

a

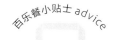

百乐餐小贴士 advice

虽然凉了也可以吃得很香，但若是在家里烤的话，就能吃到热乎乎的了。

事半功倍的便利用具

如果在参加百乐餐聚会时，添加一些自己中意的小用具，会让你的菜品更加光彩夺目。想象一下你要去的主人家的餐桌，然后带上适合那个氛围的小用具吧。在这里向大家介绍其中两种。

餐具和餐巾

天然材质的勺子和叉子轻便而且便携，给人以温暖的感觉。既可以用作分餐，也可以写上各自的名字分别使用。如果是彩色的塑料制品，也可以用颜色来区分使用。此外，纸质的餐巾还可以用来盛面包和点心，特别实用，而且设计及尺寸都十分丰富，建议配合着不同气氛，多带上几种。

菜板和篮子

如果有个稍有质感的木制菜板，那会让百乐餐的餐桌增色不少。既可以用来切面包，也可以切分午餐肉或肉蛋饼，还可以把加了肉泥和午餐肉的面包直接放在上面当盘子……总之，用法多多。篮子和板子一样，在餐桌上也能充分发挥。可以盛面包，盛调料，盛餐具。因为篮子很轻，可以带上不同尺寸的去哦。

PART 3

百乐餐之米饭·意大利面·面包等主食食谱

寿司、饭团、红豆饭、石锅拌饭、西班牙海鲜饭等米饭类，意大利面、千层面等面类，面包、三明治……聚集了各式魅力食谱。请搭配主菜进行选择。

杯子寿司

使用容器 | 圆形直径 10 cm

每人一个杯子，做好就可以马上享用。
把米饭盛得紧实一点儿，不用担心会洒出来。

材料（4~5 人份）

金枪鱼 …… 100g

A | 酱油 …… 1/2 大勺
  | 料酒 …… 1/2 大勺

米饭（刚做好的）…… 约用 500g 大米

醋腌姜片（买现成的或者自己腌的都行）…… 30g

腌姜片的糖醋 …… 3 大勺

紫苏叶 …… 4 片

鸡蛋 …… 2 个

B | 料酒 …… 1 大勺
  | 盐 …… 少许

烤海苔 …… 1 片

荷兰豆 …… 4 根

制作方法

1 金枪鱼切成 1cm 见方的小块，加入 A 混合后放入冰箱冷藏 30 分钟以上。

2 姜片切碎，紫苏叶切成丝。碗中放入米饭、姜片、紫苏和腌姜片的糖醋，搅拌均匀。

3 另一只碗中打入鸡蛋，加入 B 搅拌，倒入小平底锅（普通锅也可），一边用筷子搅拌，一边用较小的中火炒熟。

4 在 4 个珐琅容器中分别装入 2 米饭的 1/8，将烤海苔切碎分成四份，分别放在米饭上，然后把剩下的米饭盛入（a）。

5 用保鲜膜盖在容器上，把米饭压实压平，然后撒上 3，最后把煮过并斜着切好的荷兰豆及 1 摆在最上面。

a

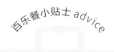

百乐餐小贴士 advice

虽然金枪鱼腌过了，
但毕竟是生鲜类，最好
放入保冷袋中带出去。

53

牛排大份三明治

千层面

牛排
大份三明治

使用容器

长方形
浅型 M

打开盖子就能吃，作为百乐餐再适合不过了。
关键是要充分沥干黄瓜的水分。

○ 材料（4~5 人份）

黄瓜 …… 2 根

盐 …… 1/3 小勺

牛排肉（或后臀部的肉）…… 2 片

（250~300g）

色拉油 …… 1 小勺

A
番茄酱 …… 1 大勺
炸猪排料汁 …… 1 大勺
酱油 …… 1 小勺
盐、黑胡椒 …… 各少许

面包片（三明治用）…… 9 片

黄油、法式芥末酱 …… 各适量

○ 制作方法

1 黄瓜竖切成两半后斜切成薄片，放入保鲜袋撒上盐，放置 15 钟后挤压出多余水分。

2 肉在加热前 20~30 分钟拿出，回温至室温。平底锅中放入色拉油加热，肉每面各煎 30 秒 ~60 秒，让肉稍微保持点红色。肉从火上移开后，放置 10 分钟左右，待肉汁略凝固后切成薄片放入碗中，放上 A 拌匀。

3 黄油室温回软，分别涂在三片面包的单面。把 1 平均分成 3 等份，其中一份铺在 1 片面包上，然后盖上 1 片面包，再抹上法式芥末酱，把 2 的肉汁稍沥干后，三等分，其中一份放到面包上，最后盖上剩下的面包片。照这样再做两组。

4 用拧干的布包裹住 3，然后用托盘等物品压在上面放置 15 分钟左右（a），最后将每份面包切成 6 等份（把面包边切掉）。

5 把成品摆放到珐琅容器里，摆得紧实一点儿。

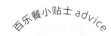

a

百乐餐小贴士 advice

往容器里放的时候塞得结实一点儿，这样就不用担心带出去时面包和食材会散掉了。

千层面

用橄榄油炒一下茄子或小南瓜，加进去也不错，
会做成更豪华更高级的千层面。

使用容器

长方形
深型 L

◎材料（4~5 人份）

洋葱 …… 1 个

蒜 …… 1 瓣

橄榄油 …… 1 小勺

牛肉猪肉混合肉馅 …… 500g

红酒 …… 1/2 杯

西红柿罐头（完整的）…… 1 罐

A | 盐 …… 1/2 小勺
  | 肉豆蔻、牛至、胡椒 …… 各少许

黄油 …… 30g

面粉 …… 3 大勺

牛奶 …… 1.5 杯

B | 盐 …… 1/4 小勺
  | 胡椒 …… 少许

千层面皮 …… 6 片

比萨用奶酪 …… 30g

a

◎制作方法

1 洋葱一半切成薄片，另一半和蒜一起切碎。

2 平底锅入橄榄油加热，把切碎的蒜和洋葱用小
  火炒 2~3 分钟，直到炒软，再加上肉馅炒 2~3
  分钟。

3 红酒倒入 2，煮 3~4 分钟直至没有汤汁，倒入
  西红柿罐头和 A，一边捣烂西红柿，一边再煮
  3~4 分钟。

4 另起一口平底锅，加入黄油加热，用稍小的中
  火把洋葱薄片炒 2~3 分钟，直到变软。再加入
  面粉继续炒 1~2 分钟。关火，加入牛奶和 B，
  充分搅拌后，再次开火，直到呈黏稠状。

5 千层面按照说明煮好，捞出摆放时注意不要粘
  在一起。烤箱 230℃预热。

6 珐琅容器里放入 1/3 的 3，然后把两片 5 错开
  盖上（a）。再把 4 的 1/3 平铺上，然后加入
  3 的 1/3，再把两片 5 错开盖上。重复此步骤，
  最后撒上奶酪。

7 用预热至 230℃的烤箱烤 15~20 分钟直到
  上色。

百乐餐小贴士 advice

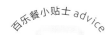

凉着吃也很好吃，但
是能在聚餐的人家用烤
箱烤的话，可以吃到刚出
炉的热乎乎的美味哦。

珐琅容器韩式拌饭

可以直火加热的珐琅容器很适合做韩式拌饭。
还能够烤出锅巴，会让你很满意的。

使用容器 ◯ 圆形直径 10 cm

◎材料（4~5 人份）

牛肉（烤肉用）…… 150g
烤肉调味汁（成品）…… 3 大勺
香油 …… 1 小勺

A
┃ 香油 …… 1.5 大勺
┃ 热水 …… 2 大勺
┃ 蒜泥 …… 1 小勺
┃ 盐 …… 1 小勺
┃ 胡椒 …… 少许
┃ 砂糖 …… 少许
┃ 味精 …… 少许

豆芽 …… 1 袋（200g）

B
┃ 水 …… 1/2 杯
┃ 盐 …… 少许

紫琪（野生紫背菜）…… 100g
胡萝卜 …… 1/2 根
香油 …… 适量
西葫芦 …… 1 根
白芝麻碎 …… 1 大勺
米饭 …… 约用 300g 大米
韩式辣酱、松子 …… 各适量

◎制作方法

1 把牛肉切成 7~8mm 的条，放入碗中倒上烤肉调味汁，充分入味。平底锅入香油加热，把牛肉连汁倒入，炒 1~2 分钟，变色后取出。

2 把 A 混合搅拌。

3 豆芽去根，放入锅中，放上 B 盖上锅盖，中火煮 1 分钟，转小火煮 3 分钟。取盖搅拌一下，煮到自己喜欢的口感，关火。把豆芽从汤中捞出，趁热把 1/2 大勺 A 倒入豆芽中。

4 将比较长的紫琪切一下，然后用水焯过后，趁热加入 1/2 大勺 A。

5 胡萝卜用切丝器削成丝。平底锅入 1/2 香油加热，把胡萝卜丝用中火炒 1~2 分钟。炒软后，加 1 大勺 A 调味。

6 西葫芦竖切成两半，然后斜切成薄片。平底锅入 1 小勺香油加热，加入西葫芦片用中火炒 2~3 分钟。炒软后用 1 大勺 A 和白芝麻碎调味。剩下的 A 根据各种材料的味道酌情添加。

7 珐琅容器的内侧多抹上一些香油，然后放入米饭铺平。再放上 1 和 3~6，撒上韩式辣酱和松子。

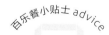

百乐餐小贴士 advice

在聚餐的人家加热时，把 3 的汤汁（或者鸡汤）1/3 杯倒入拌饭，用稍小的中火烤 2~3 分钟。注意火候，让底部稍微烤出点锅巴，一边烤一边搅拌。
⚠注意不要用手碰!

西班牙海鲜饭

绝对会成为百乐餐的明星菜品！
用珐琅容器做好直接带过去即可。

使用容器　长方形
　　　　　浅型 L

◎材料（4~5 人份）

大米 …… 约 300g

带头的虾 …… 4 只

贻贝（海虹）…… 6~7 个

蛤蜊 …… 200g

乌贼 …… 1 只

蒜 …… 1 瓣

洋葱 …… 1/2 个

西红柿 …… 1 个

橄榄油 …… 2 大勺

番红花 …… 少许

A {
热水 …… 2 杯
盐 …… 1/2 小勺
鸡精 …… 1 小勺
胡椒 …… 少许
}

意大利香芹、柠檬 …… 各适量

◎制作方法

1　大米冲洗一下，然后用笊篱捞出，沥干水分（放 15 分钟左右）。

2　切掉虾须，用牙签挑出虾线。

3　如果贻贝表面有绿苔状的东西，用钢丝球等去掉，壳子处理干净。蛤蜊充分洗净。

4　把乌贼的头部与身体切开，去除身体部分的内脏和软骨，去掉头部的眼和牙。洗净后把身体切成 1cm 厚的片，爪部可以 2 根一组切开，如果爪过长，可以切为两半。

5　洋葱和蒜切碎，西红柿切成小块。

6　珐琅容器里加入橄榄油加热，炒香蒜末，然后加入洋葱碎稍微炒一下，加入 1 继续炒 2~3 分钟，注意不要炒糊。待大米透明，加入番红花。

7　混合好的 A 倒入 6 中，煮沸后加入西红柿和蛤蜊，撒上 4，摆放上虾和贻贝，注意色彩搭配。然后盖上铝箔纸用小火煮 12 分钟左右。

8　用中火烧 10 秒左右，让多余水分蒸发，将珐琅容器从炉子上取下来，用余热再蒸 10 分钟左右。把意大利香芹切成粗碎，撒在上面，然后挤上柠檬汁。

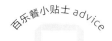

百乐餐小贴士 advice

在聚餐主人家加热时，可以加入 1/3 杯热水，盖上铝箔纸，用小火加热 3~4 分钟。

小白菜饭团

使用容器　长方形 浅型 M

除了小白菜也可以用腌芥菜！
把菜和米饭的截面交替摆放，赏心悦目。

◎材料（4~5 人份）

梅子干（成品）…… 3 大个

姜 …… 2 片

米饭（刚出锅的）…… 用大米约 300g

腌小白菜（只要叶）…… 80g

A 白芝麻 …… 3 大勺
小银鱼 …… 30g

◎制作方法

1　梅子干切成粗粒，姜切碎。

2　平底锅中加入 A，加热 2~3 分钟，炒干炒脆。
　关火放入米饭。

3　2 和 1 混合在一起，分成 10 等份，团成椭圆状。

4　把小白菜的叶子展开，包上 3（a）。从中间切开，
　然后摆放在珐琅容器中。

a

中式糯米甘栗饭

充分入味的甘栗饭凉着吃也好吃！
窍门就是炒米让调味汁的味道充分渗入。

使用容器　长方形 浅型 M

○ 材料（4~5 人份）

糯米 …… 约 225g

大米 …… 约 75g

干香菇 …… 3 个

烤猪肉（成品）…… 100g

香油 …… 1 大勺

A |
泡香菇的水、水 …… 各 1 杯
蚝油 …… 1 大勺
姜末 …… 1 小勺
鸡精 …… 1 小勺
酱油 …… 1 小勺
盐 …… 1/4 小勺
胡椒 …… 少许

甘栗（去壳）…… 30g

白果（罐头 / 水煮）…… 12 粒

○ 制作方法

1　糯米和大米淘净，用水泡 2~3 小时后捞出。

2　干香菇用水泡发，去掉根部后切成 4~6 等份。烤猪肉切成 1cm 见方的小块。

3　平底锅入香油加热，把 2 炒一下后再加入 1 继续炒制 2~3 分钟，直到米透明。

4　把 A 分 3~4 次加入，每次都要使其充分渗入米中。待没有汤汁后，移入珐琅容器，撒上甘栗和白果。用上汽的蒸锅蒸 15~18 分钟，直到全都散发光泽。

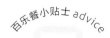

百乐餐小贴士 advice

如果再有点时间，可以用保鲜膜包裹住刚出锅的甘栗饭做成饭团，然后再放到珐琅容器中。这样吃起来方便，很适合做百乐餐。

a

携带适合百乐餐的用品

携带珐琅容器时，建议使用底部有支撑的结实的篮子或袋子。如果有可以装进大尺寸的容器，以及可以叠放容器的包就更方便了。如果没有大小合适的篮子或袋子，也可以用包袱皮或者大一点儿的布。这样无论是什么尺寸的珐琅容器都可以包起来带出去了。此外，如果是生鲜类菜品或者用食用胶制作的料理，最好用保冷袋，这样比较放心。

篮子和保冷袋

照片右侧的尼龙制篮子，编织十分紧密结实。把手处也特别结实，不用担心会断开。还有较宽的底部支撑，适合放入珐琅容器，很方便。左侧的保冷袋，带有专门放保冷剂的网状口袋，放入保冷剂后不占地方。也有较宽的底部支撑，能够叠放容器。

包袱皮和较大的布

包袱皮和布比较柔软，用来包东西十分方便。推荐使用边长60cm的正方形尺寸，可以用来包裹任何形状的容器。布的花纹也是丰富多彩，建议用比较漂亮的且看上去比较清爽的。因为要用手提着，所以选择和衣服搭配的花纹一定会很美。

PART 4

百乐餐之
甜品食谱

甜品不用特别精致，
做一些大家喜欢的常吃的就行。
选一款跟菜品搭配的甜品吧。

布丁

我们做的是大号布丁，请大家按需取用！
小窍门是要等焦糖稍稍凝固后，再倒入蛋液。

使用容器　圆形直径 16 cm

○ 材料（4~5 人份）

白砂糖 …… 50g+100g

热水 …… 2 大勺

鸡蛋 …… 3 个

蛋黄 …… 2 个

牛奶 …… 2 杯

香草油 …… 少许

○ 制作方法

1　在珐琅容器内侧涂上薄薄的一层色拉油（材料外）。

2　小锅内放入 50g 白砂糖，用稍弱的中火加热。待锅的边缘起泡并且变色时，晃动锅子，等全部变成焦糖色后，倒入热水，直至全部溶化后倒入 1。

　　⚠ 放入热水时，请注意不要溅起！

3　碗中放入蛋液和蛋黄，用打泡器充分搅拌，加入 100g 白砂糖，再次搅拌至整体发白。把牛奶加热到接近沸腾，然后一点点倒入，搅拌均匀。用过滤器过滤后，加入香草油搅拌。

4　2 稍微凝固后，倒入 3（a），放入上汽的蒸笼中，用中火蒸 1 分钟，然后转小火蒸 20 分钟左右。晃动一下珐琅容器，如果全体都凝固了就完成了。

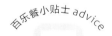

百乐餐小贴士 advice

如果有时间的话，可以把淡奶油打到八分发泡（把打泡器从打发的奶油中提起，呈略弯的尖角），然后装入另一个珐琅容器。吃的时候把奶油加在布丁上会更美味。

a

加入七色辣椒面的巧克力蛋糕

略微带点辣味，和红酒很配哦，
也可以用纯辣椒粉或者花椒粉。

使用容器　圆形直径 14 cm

◎材料（4~5 人份）

黄油 …… 40g

做点心用的巧克力（甜）…… 50g

白砂糖 …… 40g+40g

蛋黄 …… 2 个

蛋白 …… 2 个鸡蛋的量

淡奶油 …… 40g

七色辣椒面 …… 1 小勺

低筋粉 …… 15g

可可粉 …… 30g

糖粉 …… 适量

a

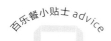
◎制作方法

1　用黄油（材料外）涂抹珐琅容器，然后撒上高
筋粉（材料外），使容器全体都覆盖上薄薄一层。
烤箱预热至 160℃。

2　把黄油和巧克力放入耐热容器中，盖上保鲜膜，
用 600W 的微波炉加热 30~40 秒，然后搅拌
均匀。

*不要过度加热，刚刚融化就好。从25秒左右开始注意看火候。

3　碗中放入 40g 白砂糖和蛋黄，用打泡器搅拌至
发白。

4　另一只碗里放入蛋白，用打蛋器（或电动打泡器）
打发，另外 40g 白糖分两次加入，打至完全发
泡（提起打蛋器时，有明显的直直的尖角）。

5　把 2 和 3 混合，加入淡奶油充分搅拌。再加入
七色辣椒粉再次搅拌（a），加入过筛的低筋
粉和可可粉，每加入一样都要充分搅拌。

6　把 1/3 量的 4 加入 5，搅拌至全部融合，把剩
下的 4 都加入搅拌。

7　把 6 倒入 1，让中央凸起成小山状。用预热至
160℃的烤箱烤 35~40 分钟，用牙签插一下，
如果完全没有粘上就可以。

8　从烤箱中取出冷却，然后用滤网撒上糖粉。

橙子蛋糕

使用容器 长方形 深型 M

橙子的味道充分渗入其中，味道极好。
是一款口感软糯味道特别棒的蛋糕。

◎材料（4~5 人份）

橙子 …… 1/2 个

黄油 …… 100g

糖粉 …… 50g+50g

蛋黄 …… 2 个

蛋白 …… 2 个鸡蛋的量

低筋粉 …… 100g

A │ 白砂糖 …… 1 大勺半
  │ 水 …… 1/4 杯

君度橙酒 …… 1 大勺

* 也可以用柑曼怡等柑橘系的甜酒。

a

百乐餐小贴士 advice

这款蛋糕在食用前一天做好的话，会更入味，更好吃。提前做好要放入冰箱保存哦。

◎制作方法

1 橙子切两片，然后 4 等分，作为装饰用。剩下的橙子去皮榨汁，把皮碾碎。

2 珐琅容器用黄油（材料外）涂抹，撒上薄薄一层高筋粉（材料外）。烤箱 170℃预热。

3 耐热容器中放入黄油，用 600W 的微波炉加热 10~20 秒，使其变软。将 50g 糖粉分三次加入，每次都用打泡器打匀。

4 把蛋黄一个一个加入 3，每次都充分搅拌，然后加入 1 的橙子皮充分混合。

5 碗中加入蛋白，用打蛋器（或电动打泡器）打至发泡，50g 糖粉分两次加入，打至充分发泡（提起打蛋器时有直直的尖角）。

6 把 5 的 1/3 量加入 4，搅拌，把过筛后的低筋粉的一半加入，用橡皮刮刀搅拌。然后把剩下的 5 的一半、面粉、最后剩下的 5 按顺序加入，每次加入后都要拌匀。

7 把 6 倒进 2 的容器中，用橡皮刮刀刮平表面，使中间略凹进，摆放上装饰用的橙子。放入预热至 170℃的烤箱烤 40~50 分钟，用牙签插一下，如果完全干净没有粘着任何东西就好了。

8 小锅中放入 A 开火加热，沸腾后关火，倒入 1 的橙汁和君度橙酒，混合均匀。

9 7 烤好后，用刷子把 8 均匀地涂抹到表面，让它完全渗入。

杏仁豆腐

手工制作的杏仁豆腐格外好吃，
搭配上五颜六色的水果，是一道华丽的甜品。

使用容器

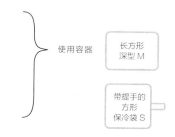

长方形
深型 M

带提手的
方形
保冷袋 S

◎材料（4~5 人份）

猕猴桃切片 …… 1 个

草莓 …… 6 个

菠萝圆形切片 …… 5~6 片

* 可以使用罐头。

A | 水 …… 2.5 杯
  | 白砂糖 …… 100g

杏仁粉 …… 3 大勺

牛奶 …… 2 杯

B | 水 …… 1 杯
  | 白砂糖 …… 50g
  | 寒天粉（琼脂粉）…… 4g

◎制作方法

1 锅内放入 A 开火加热，煮沸后关火放凉。菠萝
   片每片都切成 4 等份，草莓去蒂竖切成两半。
   把 A 移入珐琅容器，水果入冰箱冷却。

2 碗里放入杏仁粉，然后把牛奶一点点加入，搅
   拌均匀。

3 另取一只锅放入 B，一边搅拌一边煮至融化，
   把 2 慢慢倒入（a），充分搅拌后过滤一下。

4 把 3 放入另一个珐琅容器，散热后放入冰箱冷
   却定形。

5 吃的时候，按个人喜好取一部分 4，然后放上 1，
   一起食用即可。

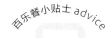

百乐餐小贴士 advice

放了水果的珐琅容器盖
上密封的盖子，就不用担心汤
汁会洒出来了。寒冷的天，杏
仁豆腐不会融化，所以很适
合用作百乐餐。建议放入保
冷袋中方便带去。

a

西柚香槟果冻

使用容器　长方形
浅型 S

适合成年人的加入了酒的甜品。
西柚的微微苦涩是这款甜品的特点。

◎材料（4~5 人份）

西柚（黄、粉红）…… 各 1/2 个

A
| 水 …… 1/2 杯
| 白砂糖 …… 30g
| 食用凝胶（粉末）…… 5g

起泡葡萄酒 …… 1 杯

◎制作方法

1　西柚去皮，在芯部切个 V 字形，以便于去掉里面的薄皮。去掉薄皮和籽后，把果肉取出（a），如果太大就掰成两半。

2　锅内放入 A，搅拌开火加热。煮沸后关火，倒入起泡葡萄酒搅拌。

3　把 1 加入 2，然后移入珐琅容器。把容器放到盛有冰水的托盘里，散热后放到冰箱中。

＊起泡酒的碳酸很容易挥发，所以放入珐琅容器后不要搅拌。

百乐餐小贴士 advice

带出去时建议在保冷袋中放入保冷剂，这样可以保持冷藏状态。如果需要带到较远的地方或者在夏天带出去的话，可以在制作时用 3g 寒天粉末代替食用凝胶，制作方法相同。

a

蕨菜糕

一款令人惊喜的和风甜点。
Q 弹的口感加上黄豆粉和黑蜜简直是绝配。

使用容器　圆形直径 14 cm　圆形直径 10 cm

◎材料（4~5 人份）

A ｜ 蕨菜糕粉 …… 100g
　　水 …… 2 杯
　　绵白糖 …… 100g

黄豆粉 …… 1 杯

黑蜜 …… 1/2 杯

◎制作方法

1　蕨菜糕粉过筛，把 A 放入碗中搅拌均匀。

2　锅中放入 1 开火加热，一边搅拌，一边用中火煮到
　　黏稠状（a）。待出现光泽后关火。

3　把 1/3 的黄豆粉撒到珐琅容器里，用两个汤匙把 1
　　团成团放到粉上（b）。中间一边撒黄豆粉，一边
　　注意不要让蕨菜糕粘到容器上，最后把剩下的黄豆
　　粉都撒上。

4　另一只珐琅容器里倒入黑蜜，吃的时候洒在蕨菜糕
　　上即可。

a

b

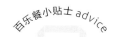
百乐餐小贴士 advice

　　蕨菜糕放到冰箱里
时间过长的话，会发硬，
所以建议常温下带到聚
餐的主人家时稍微冷却
一下。把肉桂粉和黄豆粉
掺在一起，又会有不同
的美味。

图书在版编目（CIP）数据

用珐琅容器搞定百乐餐/（日）重信初江著；马婷
婷译.—— 济南：山东人民出版社，2021.1
ISBN 978-7-209-12112-5

Ⅰ.①用… Ⅱ.①重… ②马… Ⅲ.①日用珐琅
制品－菜谱 Ⅳ.①TS972.129.1

中国版本图书馆CIP数据核字(2020)第094000号

HOUROUYOUKI DE MOCHIYORI RECIPE by Shigenobu Hatsue

山东省版权局著作权合同登记号 图字：15-2018-5

用珐琅容器搞定百乐餐
YONG FALANG RONGQI GAODING BAI LE CAN

〔日〕重信初江 著 马婷婷 译

主管单位 山东出版传媒股份有限公司
出版发行 山东人民出版社
出 版 人 胡长青
社 址 济南市英雄山路165号
邮 编 250002
电 话 总编室 (0531) 82098914
市场部 (0531) 82098027
网 址 http://www.sd-book.com.cn
印 装 济南龙玺印刷有限公司
经 销 新华书店

规 格 16开 (170mm×240mm)
印 张 5
字 数 70千字
版 次 2021年1月第1版
印 次 2021年1月第1次
ISBN 978-7-209-12112-5
定 价 48.00元
如有印装质量问题，请与出版社总编室联系调换。